U0359002

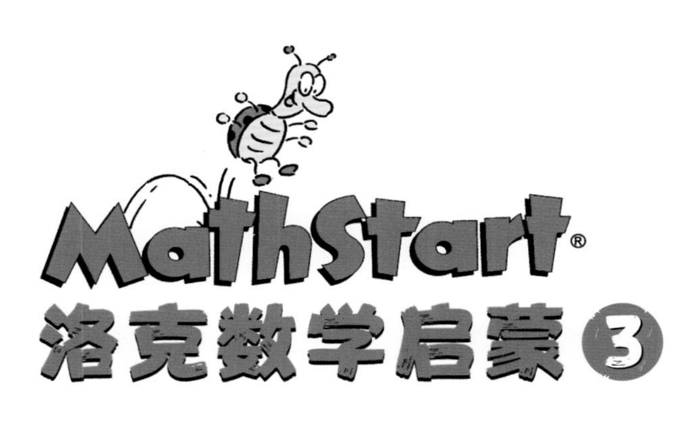
MathStart®
洛克数学启蒙 3

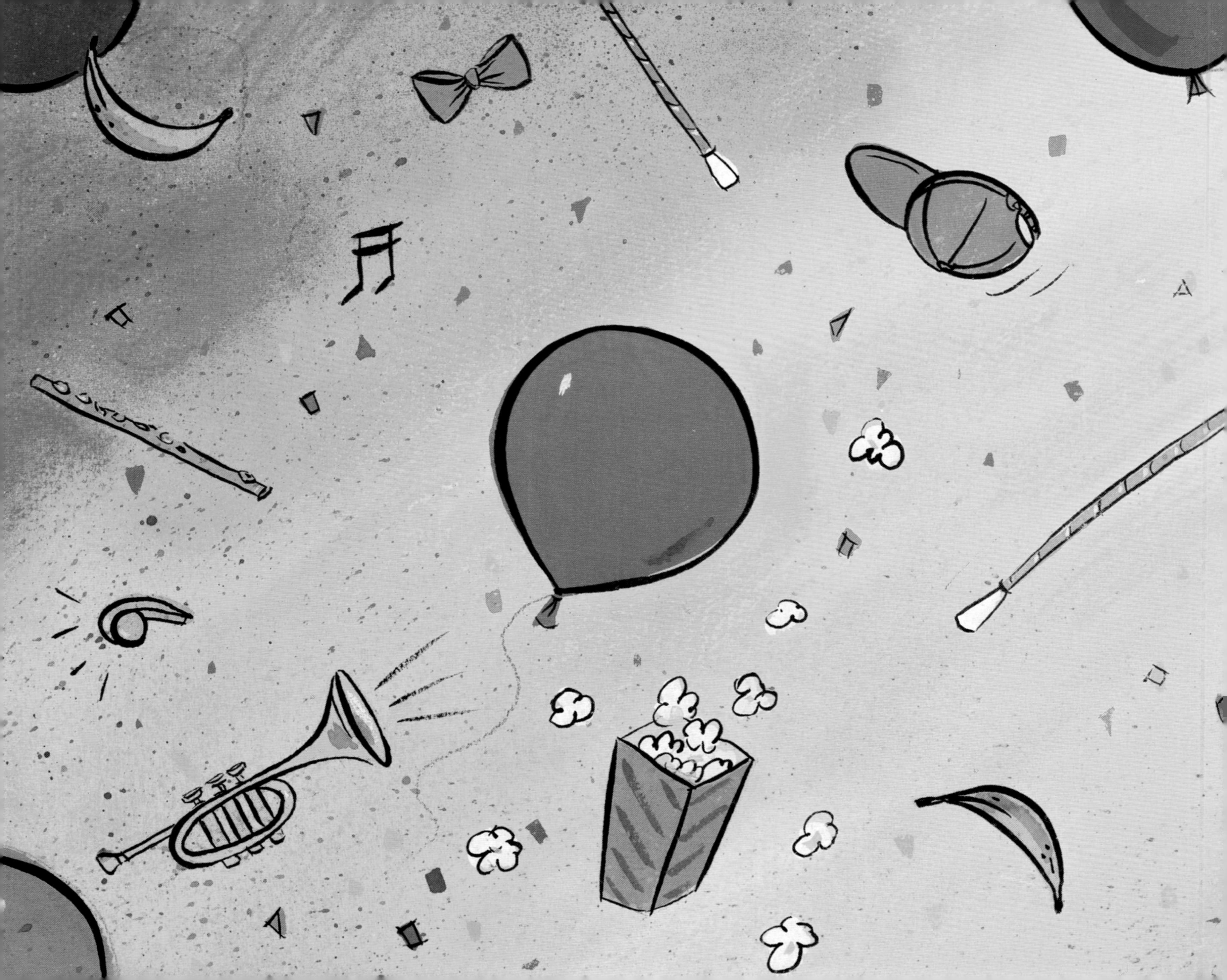

跳跳猴的游行

[美]斯图尔特·J. 墨菲　文　[美]琳恩·克拉瓦斯　图
吕竞男　译

海峡出版发行集团 | 福建少年儿童出版社
THE STRAITS PUBLISHING & DISTRIBUTING GROUP | FUJIAN CHILDREN'S PUBLISHING HOUSE

纪念S. L. T. 和所有参加7月4日游行的小可爱们。

——斯图尔特·J. 墨菲

献给我心爱的小猴子杰夫。

——琳恩·克拉瓦斯

著作权合同登记号：图字 13-2023-038号

图书在版编目（CIP）数据

洛克数学启蒙. 3. 跳跳猴的游行 / (美) 斯图尔特·J.墨菲文；(美) 琳恩·克拉瓦斯图；吕竞男译. -- 福州：福建少年儿童出版社，2023.9
ISBN 978-7-5395-8234-4

Ⅰ. ①洛… Ⅱ. ①斯… ②琳… ③吕… Ⅲ. ①数学－儿童读物 Ⅳ. ①O1-49

中国国家版本馆CIP数据核字(2023)第074351号

LUOKE SHUXUE QIMENG 3 · TIAOTIAOHOU DE YOUXING
洛克数学启蒙3·跳跳猴的游行

著　者：[美] 斯图尔特·J. 墨菲　文　[美] 琳恩·克拉瓦斯　图　吕竞男　译
出 版 人：陈远　出版发行：福建少年儿童出版社　http://www.fjcp.com　e-mail:fcph@fjcp.com　社址：福州市东水路 76 号 17 层（邮编：350001）
选题策划：洛克博克　责任编辑：曾亚真　助理编辑：赵芷晴　特约编辑：刘丹亭　美术设计：翠翠　电话：010-53606116（发行部）　印刷：北京利丰雅高长城印刷有限公司
开　本：889 毫米 × 1092 毫米　1/16　印张：2.5　版次：2023 年 9 月第 1 版　印次：2023 年 9 月第 1 次印刷　ISBN 978-7-5395-8234-4　定价：24.80 元

跳跳猴的游行
盛大游行
今日举行
五彩纸屑
50千克
彩色气球

今天是猴子王国举办盛大游行的日子。
总领队昂首阔步地走在前面。

军乐队指挥紧随其后，
她高高挥舞着指挥棒。

接着是猴子自行车队，
车轮骨碌碌地转个不停！

你看他们两个一排，
翘起前轮平稳前行。

一共有……

20只猴子骑车经过。

接着走来的是猴子杂技队，
他们一路不停地翻着跟头。

他们 3 个一组，技艺高超，
赢得观众喝彩拍手。

一共有……

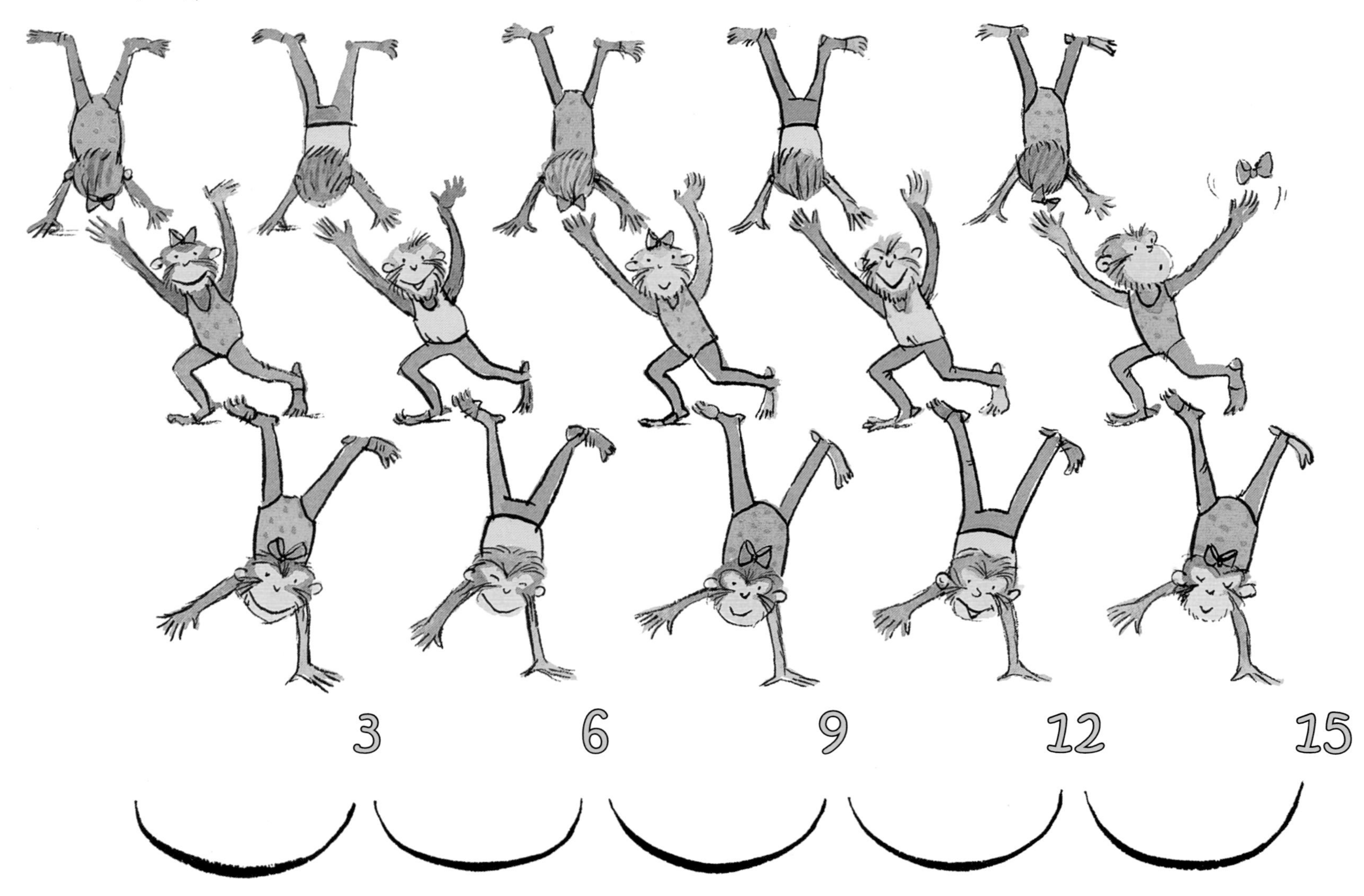

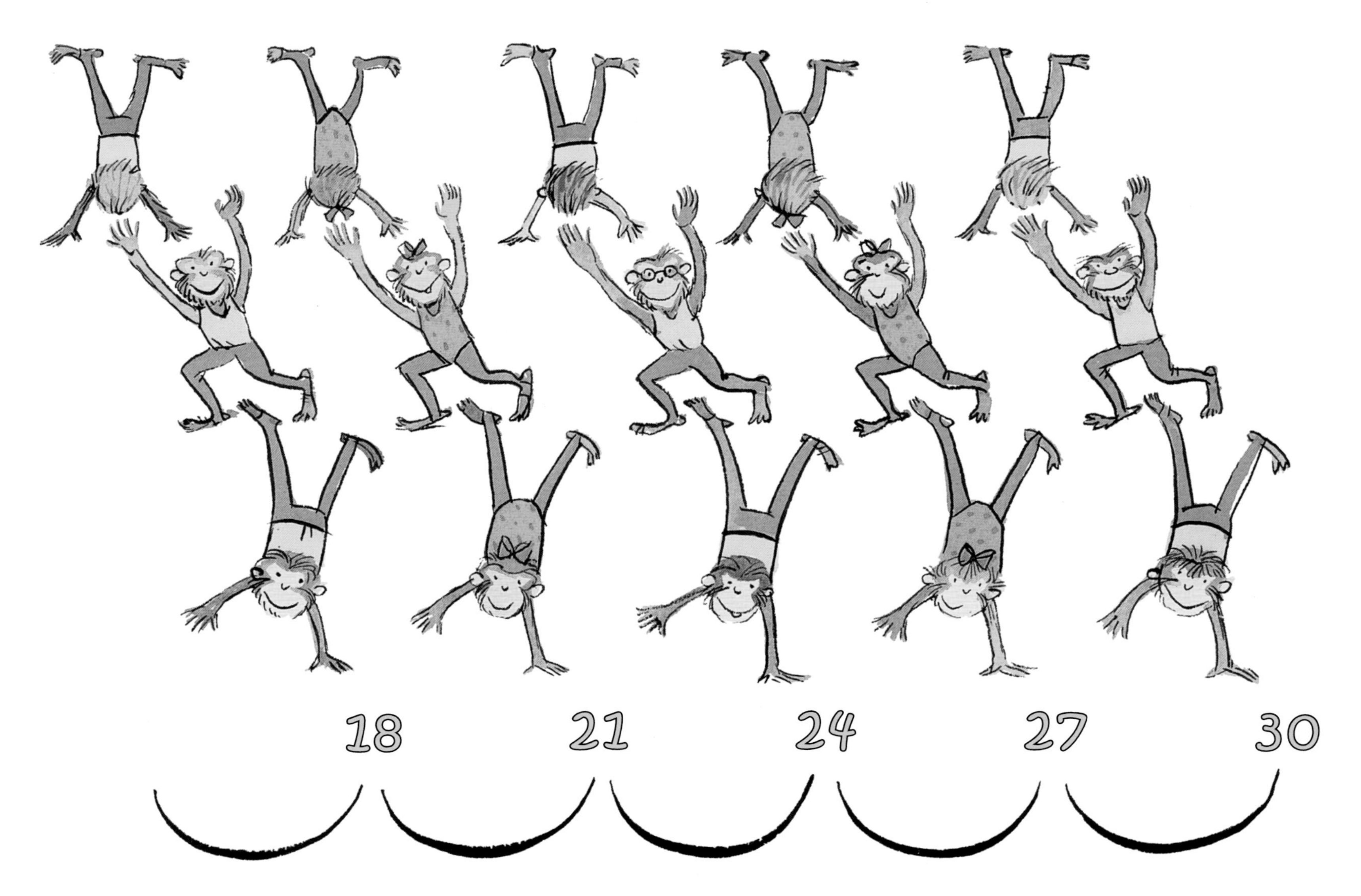

30只猴子翻着跟头经过。

猴子管乐队走了过来，
乐队成员一个个迈开大步。

他们 4 个一排，

“咚咚哒哒，咚咚哒哒”，敲响大鼓和小鼓。

一共有……

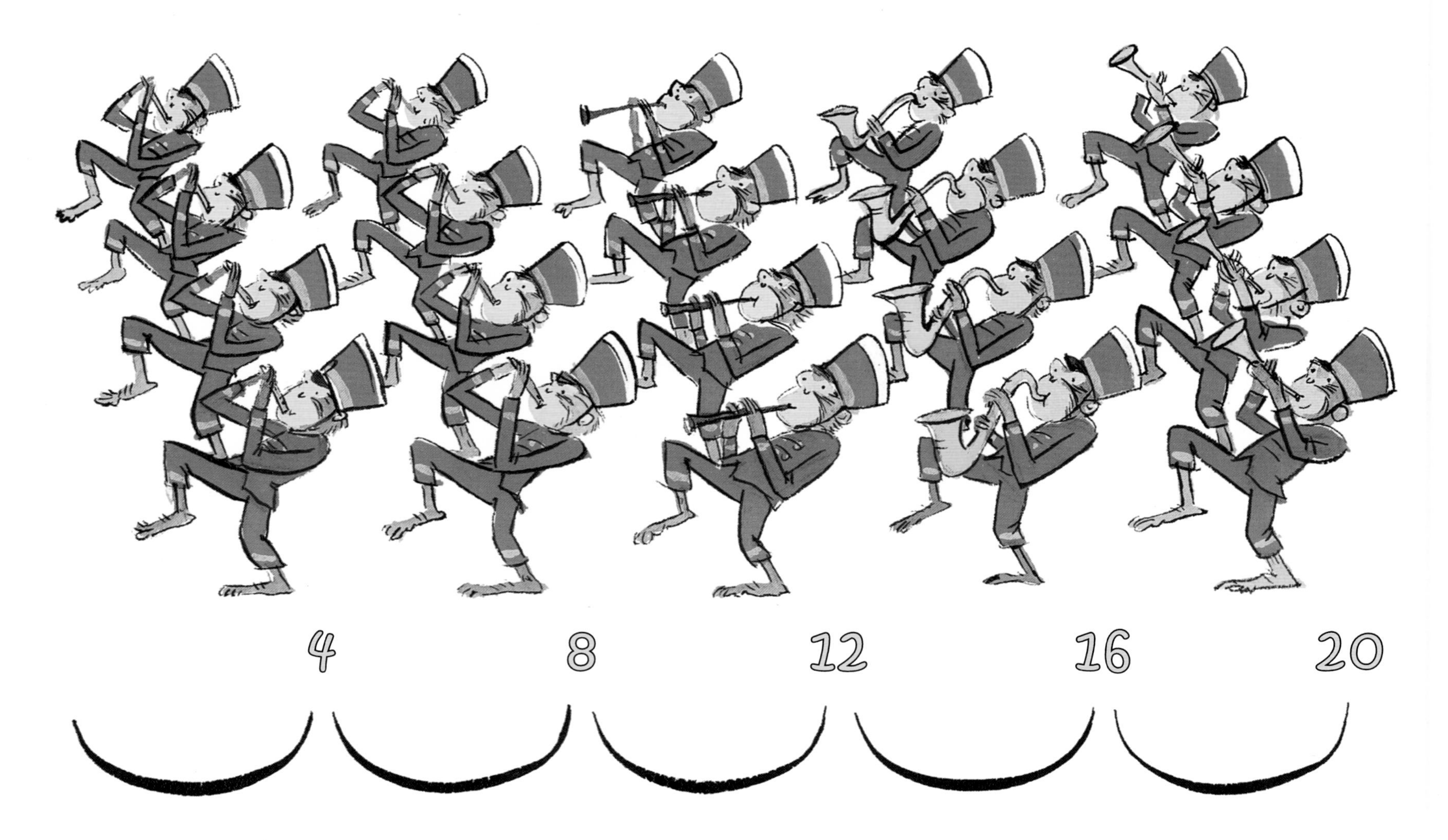

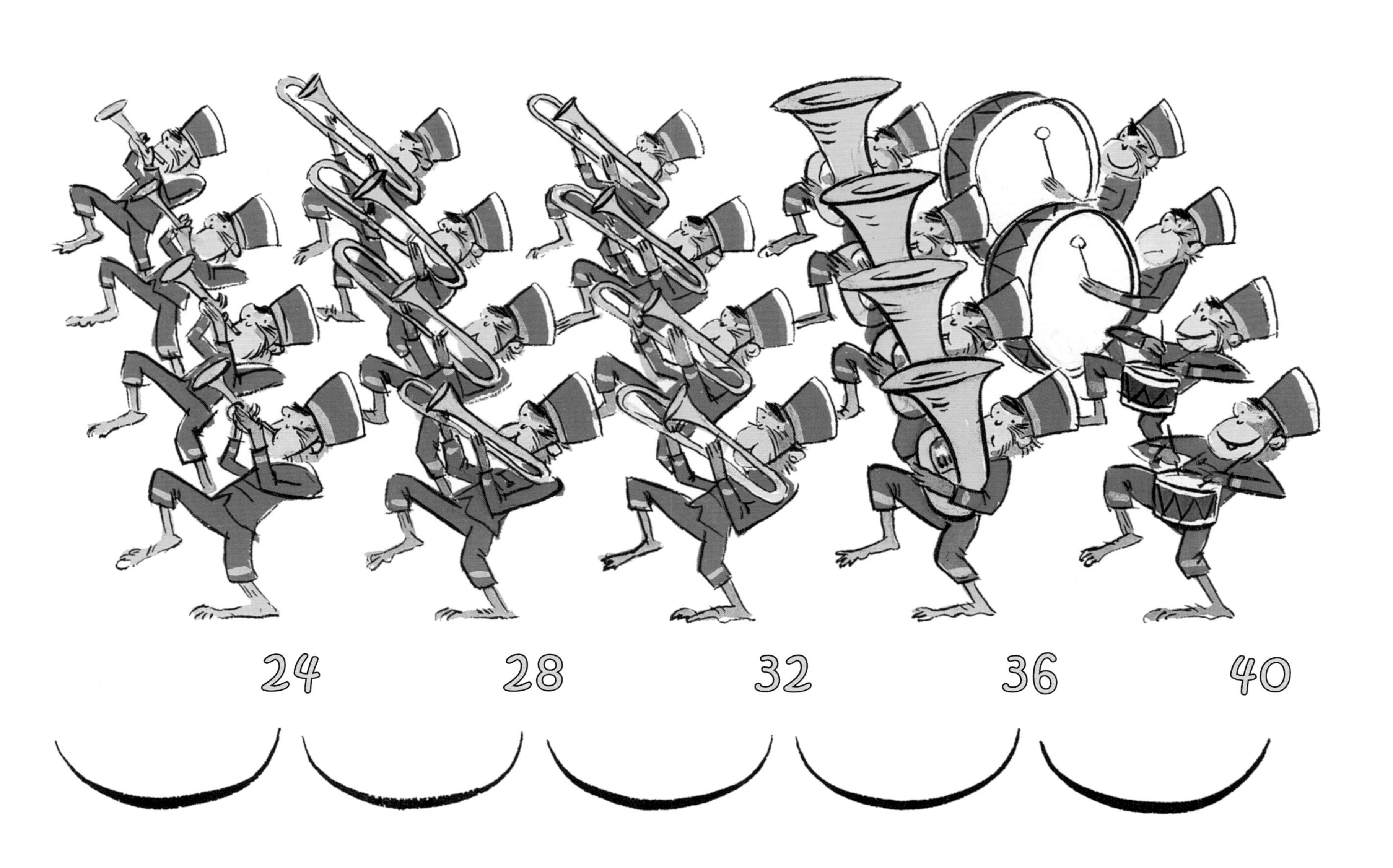

40 只猴子演奏着乐器经过。

猴子花车终于亮相。
欢呼声越来越响！

单行道

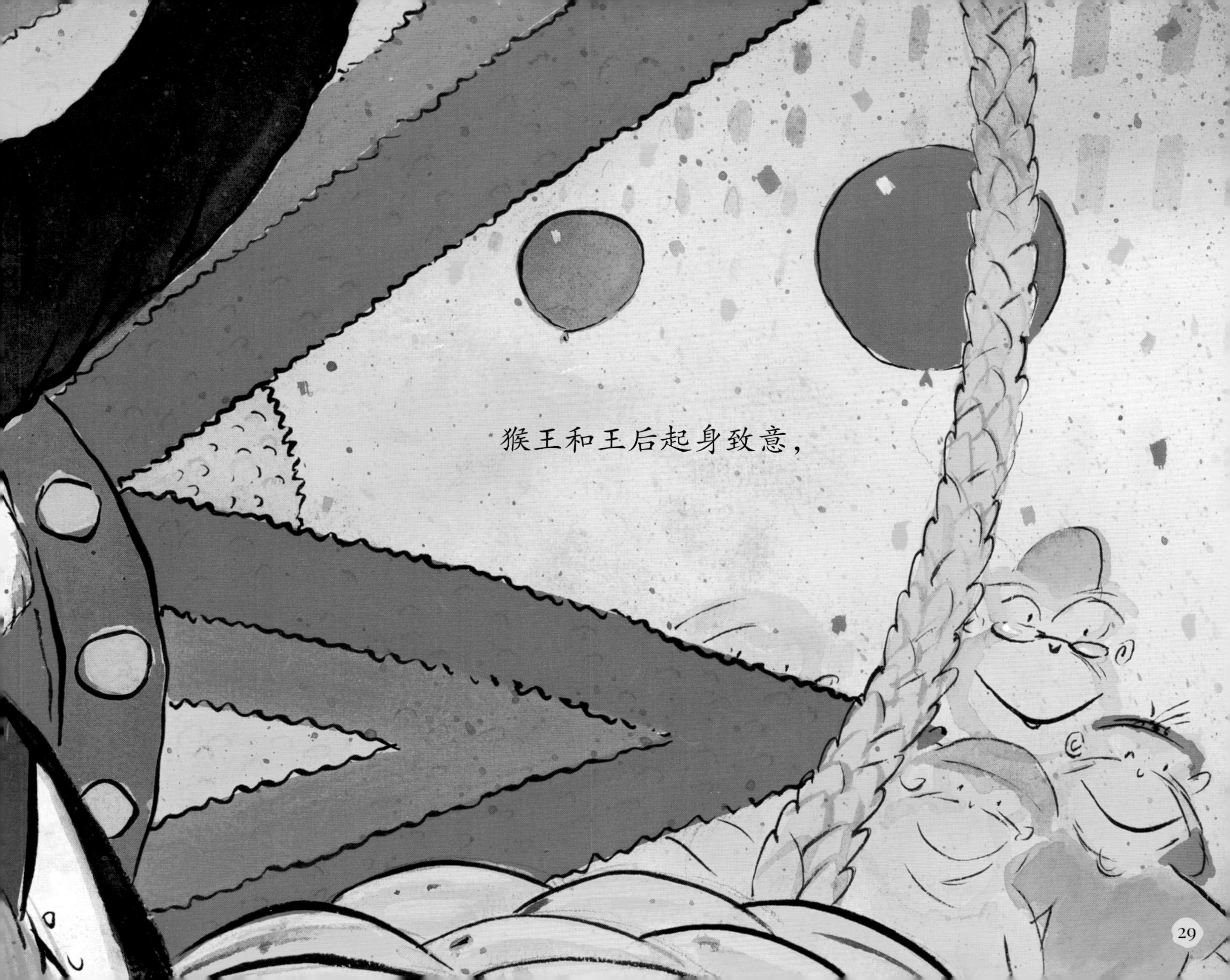

猴王和王后起身致意，

将香蕉撒向猴群。

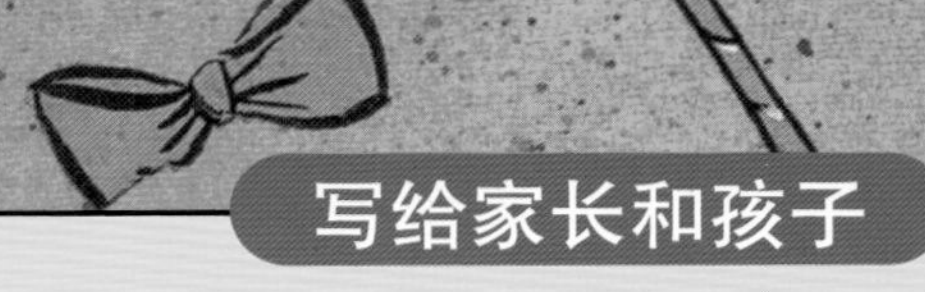

写给家长和孩子

《跳跳猴的游行》中所涉及的数学概念是按群计数，也就是以 2 个、3 个或 4 个为一组进行数数。以大于 1 的间隔进行数数是掌握乘法技能的第一步。

对于《跳跳猴的游行》中所呈现的数学概念，如果你们想从中获得更多乐趣，有以下几条建议：

1. 和孩子一起阅读故事，并讨论画面中的内容。鼓励孩子与画面互动，在你读故事的时候大声数出猴子的个数。

2. 和孩子一起再次阅读故事，让孩子先以 2 个、3 个或 4 个为一组的方式数猴子，再一个一个地数，看看总数是否相同。

3. 问问孩子，猴子自行车队是否可以排成 3 个一排或 4 个一排？重新排列之后每一排的数量是否相等？然后试着用相同的方式给杂技队和管乐队重新排列。

4. 教孩子利用计算器按 2 个、3 个或 4 个为一组的计数。大多数计算器具备这样的功能：输入“0 + 2 = = = = =……”，就是以 2 为一组来计数。引导孩子数清，以 2 为一组计数需要按多少次才能数到 36？以 3 或以 4 为一组计数又需要按多少次才能数到 36 呢？

如果你想将本书中的数学概念扩展到孩子的日常生活中，可以参考以下这些游戏活动：

1. 超市购物：去超市的时候，帮助孩子寻找以 2 个、3 个或 4 个为一组进行包装的物品，如灯泡、纸巾、人造奶油或黄油。使用按群计数的方式，数清货架上的物品总数。

2. 家中寻宝：寻找家中以 2 个、3 个或 4 个为一组的物品，如鞋子、手套、成套的餐具、桌子腿或椅子腿。问问孩子：“餐厅里共有多少条椅子腿？”“桌子上共有多少件餐具？”

3. 连珠成串：准备 2 种不同颜色的珠子（例如红色和黄色）和 3 根绳。让孩子用第 1 根绳穿 2 颗红珠，1 颗黄珠，2 颗红珠，以此类推。用第 2 根绳穿 3 颗红珠，1 颗黄珠，3 颗红珠，以此类推。用第 3 根绳穿 4 颗红珠，1 颗黄珠，4 颗红珠，以此类推。比较这 3 根绳，看看哪一根绳子上穿的红珠更多。

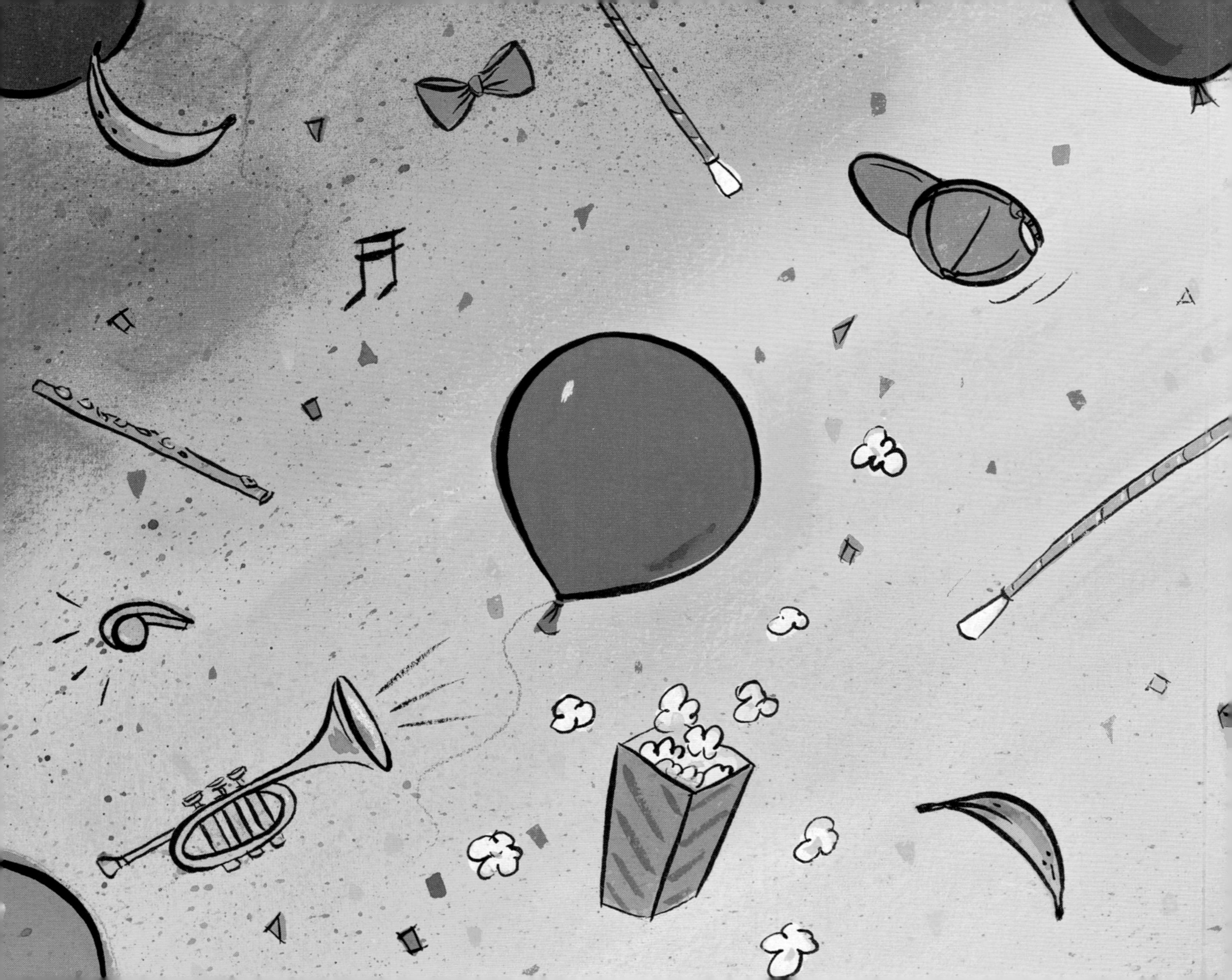

洛克数学启蒙

《虫虫大游行》	比较
《超人麦迪》	比较轻重
《一双袜子》	配对
《马戏团里的形状》	认识形状
《虫虫爱跳舞》	方位
《宇宙无敌舰长》	立体图形
《手套不见了》	奇数和偶数
《跳跃的蜥蜴》	按群计数
《车上的动物们》	加法
《怪兽音乐椅》	减法

《小小消防员》	分类
《1、2、3，茄子》	数字排序
《酷炫100天》	认识1~100
《嘀嘀，小汽车来了》	认识规律
《最棒的假期》	收集数据
《时间到了》	认识时间
《大了还是小了》	数字比较
《会数数的奥马利》	计数
《全部加一倍》	倍数
《狂欢购物节》	巧算加法

《人人都有蓝莓派》	加法进位
《鲨鱼游泳训练营》	两位数减法
《跳跳猴的游行》	按群计数
《袋鼠专属任务》	乘法算式
《给我分一半》	认识对半平分
《开心嘉年华》	除法
《地球日，万岁》	位值
《起床出发了》	认识时间线
《打喷嚏的马》	预测
《谁猜得对》	估算

《我的比较好》	面积
《小胡椒大事记》	认识日历
《柠檬汁特卖》	条形统计图
《圣代冰激凌》	排列组合
《波莉的笔友》	公制单位
《自行车环行赛》	周长
《也许是开心果》	概率
《比零还少》	负数
《灰熊日报》	百分比
《比赛时间到》	时间